Chamliho Martin

Impactos da variabilidade climática nos meios de subsistência das comunidades pastoris

Chamliho Martin

Impactos da variabilidade climática nos meios de subsistência das comunidades pastoris

ScienciaScripts

Imprint
Any brand names and product names mentioned in this book are subject to trademark, brand or patent protection and are trademarks or registered trademarks of their respective holders. The use of brand names, product names, common names, trade names, product descriptions etc. even without a particular marking in this work is in no way to be construed to mean that such names may be regarded as unrestricted in respect of trademark and brand protection legislation and could thus be used by anyone.

Cover image: www.ingimage.com

This book is a translation from the original published under ISBN 978-3-330-33327-7.

Publisher:
Sciencia Scripts
is a trademark of
Dodo Books Indian Ocean Ltd. and OmniScriptum S.R.L publishing group

120 High Road, East Finchley, London, N2 9ED, United Kingdom
Str. Armeneasca 28/1, office 1, Chisinau MD-2012, Republic of Moldova, Europe
Managing Directors: Ieva Konstantinova, Victoria Ursu
info@omniscriptum.com

Printed at: see last page
ISBN: 978-620-8-57275-4

Resumo do conteúdo

Agradecimentos

Gostaria de agradecer às várias pessoas e instituições que contribuíram para o sucesso do meu livro e que merecem toda a minha gratidão. Em segundo lugar, gostaria de agradecer ao Professor Shadrack Mwakalila (Reitor da Academia Memorial Mwalimu Nyerere), sem cujas críticas e conselhos construtivos e incansáveis este trabalho não teria sido possível.

Estou grato aos pastores de Longido pela sua disponibilidade para me fornecerem as informações de que necessitava. Agradeço a sua paciência e disponibilidade para falarem das suas experiências de vida.

Gostaria de agradecer especialmente à minha querida esposa, Saum Rajab Khamis, e à minha filha, Abigael Chamliho Martin, cujo amor, paciência, compreensão, encorajamento e apoio tornaram o meu trabalho possível.

Nota

Este estudo examinou o impacto das variações climáticas nos meios de subsistência das comunidades pastoris em duas aldeias, Engikaret e Namanga, no distrito de Longido. Foram recolhidos dados primários e secundários utilizando métodos como questionários, entrevistas, discussões em grupos de discussão e observações. Para a análise dos dados, foram utilizados o Statistical Packages for Social Sciences (SPSS) e o Microsoft Excel. Os resultados do estudo mostram que as variações climáticas têm graves repercussões na criação de gado e afectam os meios de subsistência das pessoas na comunidade e na área circundante. Esta situação traduziu-se em períodos de seca prolongados e frequentes, que conduziram à degradação dos recursos pastoris e, consequentemente, à fome, à morte e à diminuição da produção animal. Dados os múltiplos efeitos negativos dos actuais riscos climáticos nos meios de subsistência dos pastores, é necessário considerar o impacto da variabilidade climática para garantir a sobrevivência e a sustentabilidade a longo prazo destas comunidades. Em termos gerais, o estudo recomenda que os governos e as organizações não governamentais apoiem as actividades dos pastores para fazer face à variabilidade climática, a fim de garantir a sustentabilidade dos seus meios de subsistência.

Introdução

A variabilidade e as alterações climáticas representam uma ameaça significativa para os meios de subsistência de mais de três quartos da população da Tanzânia, incluindo os pastores (URT, 2013). Em comparação com muitos outros sectores de subsistência, os impactos negativos da variabilidade dos meios de subsistência e das alterações climáticas são particularmente sentidos nos agregados familiares de pastores, uma vez que pelo menos 50% do rendimento bruto do agregado familiar, incluindo o rendimento e o consumo, provém do gado ou de actividades relacionadas com o gado (Swift, 1998). O gado não é apenas um bem económico - é também um bem social, cultural e espiritual que define a identidade (Gaiballah e Abdalla, 2016).

Os pastores vivem num ambiente incerto e desenvolveram uma série de estratégias, instituições e redes para utilizar esta imprevisibilidade e risco em seu benefício. A mobilidade do gado e a criação cuidadosamente controlada de animais para alimentação selectiva nas pastagens de melhor qualidade, dispersas no tempo e no espaço, são duas das estratégias mais importantes. Apesar do seu valor comprovado, estas estratégias são ainda pouco conhecidas e insuficientemente integradas nas políticas. A fim de formular recomendações políticas sólidas, estas estratégias devem ser melhor compreendidas à luz da crescente variabilidade climática, do aumento da concorrência pela terra, do crescimento demográfico e da descentralização (https://www.iid.org/pastoral-livelihhods-climate-change).

A maioria dos modelos de alterações climáticas prevê o aumento das temperaturas e a diminuição da precipitação em muitas regiões áridas (McCarthy *et al.*, 2001). Consequentemente, estas regiões tornar-se-ão mais secas e a atual escassez de água agravar-se-á. Além disso, é provável que a variabilidade climática conduza a precipitações ainda mais erráticas e imprevisíveis e a condições meteorológicas mais extremas, como secas mais longas e mais frequentes (Toulmin, 2009). Nesses casos, o frágil equilíbrio em que se baseia a pastorícia será afetado.

A dependência dos sistemas em relação a eles foi posta em causa. A qualidade, a quantidade e a distribuição espacial das pastagens naturais dependem, em grande medida, da precipitação (Bolling, 2003). As alterações previstas nos modelos de precipitação conduzirão inevitavelmente a que as pastagens se tornem cada vez mais escassas, dispersas e imprevisíveis. A quantidade, a distribuição e a produtividade das pastagens permanentes e dos locais de abeberamento, que são tão importantes para a sobrevivência do gado durante a estação seca, irão diminuir *(ibid.)*.

Prevê-se que a variabilidade e as alterações climáticas tenham um impacto na distribuição, amplitude, prevalência, incidência e sazonalidade das doenças e pragas, mas a extensão das alterações permanece altamente incerta (IPCC, 2007). Prevê-se que as alterações climáticas afectem a adequação do habitat dos agentes patogénicos e dos vectores de doenças, alterando a temperatura, a precipitação, a humidade e o vento (Agrawala *et al.* 2003). É provável que o stress térmico e a seca tenham um impacto negativo adicional na resistência dos animais às doenças (IPCC 2007).

A variabilidade e as alterações climáticas e os meios de subsistência dos pastores são interdependentes: Os pastores e os seus animais dependem direta ou indiretamente do ambiente, e as ameaças da variabilidade e das alterações climáticas, incluindo as secas prolongadas, têm consequências importantes para eles. As secas graves afectam a disponibilidade de água e forragem para o gado, e os períodos prolongados de seca resultam na perda de um grande número de animais na maioria das zonas pastoris (Tyson et al., 2000). Por exemplo, a seca de 2009 no norte da Tanzânia destruiu até 55% dos rebanhos locais nos distritos Maasai de Emanyara e Longido (Goldman e Riosmena, 2013).

As comunidades pastoris são extremamente vulneráveis, uma vez que a variabilidade e as alterações climáticas reduzem a quantidade de terras de pastagem necessárias para o gado na Tanzânia. Atualmente, estima-se que 60% de todas as pastagens estejam infestadas pela mosca tsé-tsé, o que as torna impróprias para o pastoreio do gado e para a instalação humana (URT, 2007). Estes efeitos aumentarão a vulnerabilidade de um sector que já é vulnerável a outros desafios não climáticos, incluindo serviços de extensão, mercados e infra-estruturas inadequados.

Quadro concetual e revisão da literatura

Os conceitos são por vezes considerados como quadros de comunicação abstractos para a perceção e são utilizados para comunicar informações (Nachmias, D. e Nachmias, C. F., 2000).

O quadro concetual do estudo (Figura 1) descreve os efeitos causados pela variabilidade climática na região de Longido e susceptíveis de influenciar as actividades socioeconómicas. Em muitos dos países mais pobres, como a Tanzânia, a pastorícia é uma atividade económica importante que apoia os meios de subsistência das comunidades locais e contribui para a economia nacional e regional. A melhoria da produtividade do gado pode ter um impacto significativo na segurança alimentar e na redução da pobreza, uma vez que o gado é um bem essencial, particularmente para as famílias rurais de pequenos agricultores (Ehui S. et al., 2002). No entanto, o aumento da produtividade do gado constitui um grande desafio devido à variabilidade climática. Os pastores são geralmente considerados como o grupo mais vulnerável.

A variabilidade climática terá efeitos diretos e indirectos (Jackson, 2002). As alterações da temperatura média e da precipitação, bem como a maior variabilidade da precipitação, podem levar a um prolongamento da estação seca durante o ano e a um aumento das secas periódicas. O aumento da frequência das variações climáticas levou a um declínio da qualidade e da quantidade de gado, obrigando as pessoas a mudar as suas ocupações e meios de subsistência tradicionais (Kangalawe, (ed.), 2009). Estas mudanças no estilo de vida também afectarão os sexos de formas diferentes. O aquecimento está a encurtar os períodos de vegetação e, combinado com a redução da precipitação, está a levar à redução da disponibilidade de água e possivelmente a um aumento das doenças do gado. Por outro lado, a disponibilidade de pastagens e resíduos de culturas, que são importantes fontes de alimento para o gado em tempos de seca, irá diminuir. Além disso, em muitos locais, prevê-se que as savanas herbáceas substituam as florestas e os bosques, que são importantes fontes de alimento para o gado. Prevê-se que o aquecimento aumente a incidência de doenças transmitidas por vectores, como a tripanossomíase e a febre do Vale do Rift; além disso, os incêndios florestais poderão aumentar e afetar ainda mais o crescimento da biomassa, reduzindo ainda mais a disponibilidade de pastagens e de água para o gado. Em algumas partes da Tanzânia, como o distrito de Longido, já se regista uma mortalidade maciça do gado e um êxodo de pessoas em busca de pastagens e de outras oportunidades de emprego, sobretudo nas zonas urbanas, devido à seca grave e recorrente. A disponibilidade limitada de pastagens e de água conduziu igualmente a conflitos sobre os recursos e à desflorestação. As variações climáticas têm, por conseguinte, um impacto considerável nos meios de subsistência da comunidade de Longido e na criação de gado.

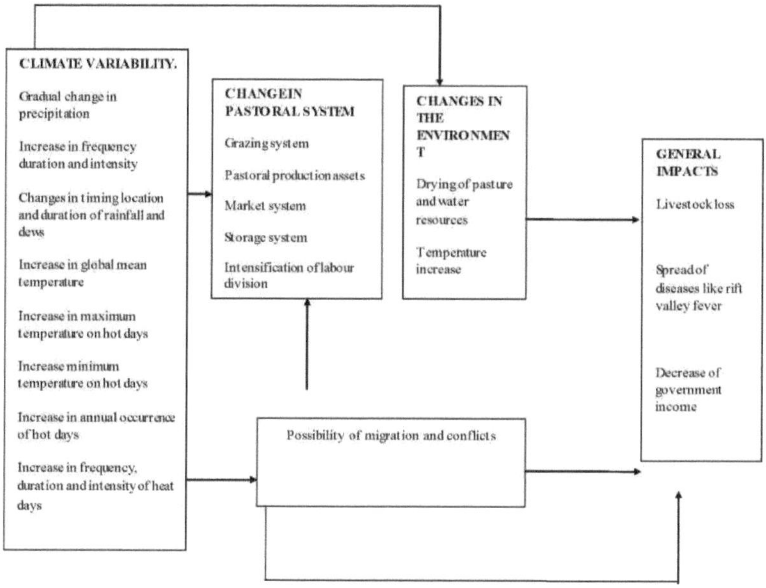

Figura 1: Quadro concetual do impacto da variabilidade climática nos meios de subsistência das comunidades pastoris.

Fonte: Adaptado e modificado de FAO/NRCB 2008.

Meios de subsistência

O conceito de meios de subsistência é frequentemente utilizado para estudar uma série de sectores e o seu impacto nos meios de subsistência individuais. Os meios de subsistência podem ser definidos como o conjunto de diferentes tipos de activos, capacidades e actividades que permitem a sobrevivência de uma pessoa ou de um agregado familiar (FAO, 2003a). Estes activos incluem activos físicos, tais como infra-estruturas e bens domésticos; activos financeiros, tais como reservas de dinheiro, poupanças e pensões; activos naturais, tais como recursos naturais; activos sociais, que dependem da coesão dos indivíduos e da sociedade; e activos humanos, que dependem do estatuto de uma pessoa e podem incluir educação e competências (FAO, 2008). Estes activos mudam com o tempo e variam entre agregados familiares e comunidades. A quantidade destes activos que um agregado familiar ou uma comunidade possui ou a que pode aceder facilmente é um fator essencial para a sustentabilidade e a resiliência (FAO 2008).

Panorama da pastorícia na Tanzânia

A pastorícia é uma forma de criação de gado em que os pastores deslocam os seus bovinos, ovinos e caprinos de um local para outro a fim de aproveitarem o pasto e a água disponíveis em diferentes alturas do ano (D. S.C. Sendalo, 2009). Os meios de subsistência das comunidades pastoris dependem fortemente do gado. Nas planícies áridas da Tanzânia, o gado e os seus pastores, por vezes famílias inteiras, têm de percorrer longas distâncias para chegar a pastagens adequadas, obrigando alguns pastores a adotar um estilo de vida nómada ou semi-nómada (D. S.C. Sendalo, 2009). Cerca de 1,5 milhões de pessoas são pastores, divididos em cinco tribos e comunidades pastoris, das quais os Maasai são os mais numerosos e mais conhecidos. Em 2007, o sector da pecuária contribuiu com cerca de 4,7% para o PIB. Da contribuição total do sector para o PIB, a produção de carne de bovino representou cerca de 40%, a produção de lacticínios 30% e a produção de aves de capoeira e de pequenos animais outros 30% *(Ibid).*

Estima-se que a Tanzânia tenha cerca de 18,5 milhões de bovinos, 13,1 milhões de caprinos, 3,6 milhões de ovinos, 1,2 milhões de suínos e 30 milhões de galinhas indígenas (Ministério do Desenvolvimento da Pecuária e das Pescas, Anuário Estatístico, 2005). A maioria dos ruminantes vive nas zonas semi-áridas (Arusha, Dodoma, partes de Iringa, Kilimanjaro, Manyara, Mara, partes de Rukwa, Shinyanga, Singida e Tabora), que são mais adequadas para os ruminantes do que para qualquer outra forma de agricultura (URT 2008).

Panorama da variabilidade climática

Há cada vez mais provas de que a variabilidade climática já está a ter um impacto nos sistemas humanos e naturais em todo o mundo, com os países em desenvolvimento a sofrerem enormes efeitos negativos devido à sua dependência de economias sensíveis ao clima e às suas limitadas capacidades económicas, tecnológicas e humanas (Erickson *et al.*, 2007; IPCC, 2007). Existem atualmente provas de que a concentração crescente de gases antropogénicos com efeito de estufa na atmosfera terrestre está a provocar alterações no clima global (IPCC, 2007). Os pastores e os pequenos agricultores são geralmente considerados como os grupos populacionais mais vulneráveis (Otter L. (ed.), 2007). A temperatura média da superfície global aumentou cerca de 0,74°C nos últimos 100 anos (Trenberth *et al.*, 2007). No entanto, a maior parte deste aumento (0,55°C) foi registada nos últimos 30 anos. O maior aumento da temperatura ocorreu em terra, no Ártico e nas regiões subárcticas. Os aumentos de temperatura nos últimos 30 anos em grande parte de África, da Ásia e da América Latina situaram-se geralmente entre 0,5 e 1,0°C, embora algumas regiões tenham registado maiores alterações (por exemplo, o sudeste do Brasil e o norte da Ásia) (Cruz *et al* 2007; Magrin *et al* 2007; Trenberth *et al*). Desde a década de 1970, têm sido observadas tendências de declínio da precipitação nos trópicos entre 10°S e 30°N (Trenberth *et al* 2007). As partes orientais da América do Sul, do Norte da Ásia e da Ásia Central tornaram-se mais húmidas, enquanto o Sahel, a África Austral e o Sul da Ásia se tornaram mais secos. Consequentemente, desde a década de 1970, têm-se registado secas mais intensas e duradouras em vastas áreas, particularmente nas regiões tropicais e subtropicais secas (Dai *et al.* 2004).

As estimativas do poder destrutivo potencial dos ciclones tropicais revelam uma tendência significativa de aumento a nível mundial desde meados da década de 1970 (Emanuel 2005), acompanhada de um aumento da longevidade e da intensidade das tempestades *(ibid.)*. Este fenómeno está intimamente ligado ao aumento da temperatura da superfície do mar nas regiões tropicais. O maior aumento da intensidade dos ciclones tropicais foi observado no Pacífico Norte, no Oceano Índico e no Pacífico Sudoeste (Trenberth *et al.* 2007). As alterações observadas nos sistemas físicos e biológicos em todo o mundo são consistentes com as alterações climáticas observadas (Rosenzweig *et al.* 2007). Os efeitos particularmente significativos estão associados ao aumento da fusão dos glaciares, que afecta os rios, e às alterações da fenologia e da produtividade dos sistemas biológicos, que são influenciadas pelas alterações da temperatura e da precipitação. Nos sistemas agrícolas, tanto as alterações climáticas como os desenvolvimentos tecnológicos estão a ter um impacto na utilização e gestão das terras agrícolas, mas em muitos países em desenvolvimento, onde a utilização das terras é tradicional, prevê-se que os efeitos das alterações climáticas na agricultura sejam mais acentuados (Van Duivenbooden *et al.* 2002).

De acordo com os cenários climáticos resumidos pelo IPCC em 2007, a temperatura média global deverá aumentar entre 1,4°C e 5,8°C ao longo deste século. Prevê-se que a precipitação diminua 0-20% em algumas zonas do país (ibid.*)*. Os efeitos climáticos previstos, com base em modelos e noutros estudos, incluem um menor rendimento potencial das culturas na maioria das regiões subtropicais e tropicais, uma menor disponibilidade de água nas regiões subtropicais, um aumento das secas e de outros fenómenos extremos (McCarthy *et al.*, 2001). Prevê-se que o aquecimento em África seja superior ao aquecimento global anual médio para o continente no seu conjunto e para todas as estações (Boko *et al.* 2007). As regiões subtropicais secas aquecerão mais do que as regiões tropicais mais húmidas. Prevê-se que a precipitação anual diminua em grande parte da África Mediterrânica, a norte do Sara e na África Austral. É provável que a precipitação média anual na África Oriental aumente, enquanto as projecções das alterações da precipitação na região do Sahel, na costa da Guiné e no sul do Sara permanecem incertas (Christensen *et al.* 2007). De acordo com as projecções, o aquecimento no Sudeste Asiático será semelhante ao aquecimento global médio, maior no Sul e no Leste da Ásia e mais acentuado no interior da Ásia continental (Cruz *et al.* 2007). A precipitação aumentará no Norte, Leste e Sul da Ásia, bem como em grandes partes do Sudeste Asiático, enquanto diminuirá na Ásia Central (Christensen *et al.* 2007). Na Tanzânia, tal como noutros países menos desenvolvidos, estes efeitos já afectaram não só as comunidades locais, mas também o desenvolvimento económico. De acordo com o Programa de Ação Nacional de Adaptação da Tanzânia (NAPA) (2006), a agricultura é o segundo sector mais vulnerável aos efeitos das alterações climáticas. Um estudo sobre a vulnerabilidade e a adaptação aos efeitos da variabilidade climática noutros sectores na Tanzânia mostrou claramente que a silvicultura, os recursos hídricos, os recursos costeiros, a pecuária e a saúde humana podem também ser vulneráveis à variabilidade climática. Ao mesmo tempo, prevê-se que a Tanzânia aqueça entre 2 a 4°C até 2100, com as temperaturas a subirem mais rapidamente no interior do que nas zonas costeiras e as estações frias e secas mais quentes do que as estações quentes e húmidas (Paavola, 20004). As temperaturas médias aumentarão 3,5 graus Celsius em todo o país, especialmente nos meses mais frios, e as temperaturas anuais aumentarão de 2,1 graus Celsius nas regiões do nordeste para 4 graus Celsius nas regiões central e ocidental do país (INC, 2003). Os padrões de precipitação também se tornaram muito mais imprevisíveis, com precipitações anuais mínimas e máximas em algumas regiões ou áreas (URT, 2007).

O país registou uma série de secas graves nas últimas quatro décadas, tendo as mais recentes ocorrido em 1971, 1975/6, 1983, 1985, 1987, 1992, 1996/7 e 1999/2000 (Paavola, 2004). O fenómeno La Nina causou uma grave seca em 1996/7, que afectou a maior parte do país e resultou na falta de precipitação para a produção de energia hidroelétrica e para o abastecimento de água às cidades. As colheitas perderam-se em grande parte e as pastagens não puderam alimentar o gado, o que levou a reduções maciças da produção e à escassez de alimentos em algumas partes do país (Kandji e Louis, 2007). As chuvas do El Niño de 1997/8 provocaram inundações na maior parte do país, destruindo propriedades, redes rodoviárias e outras infra-estruturas públicas, como escolas, hospitais e sistemas de abastecimento de água, e custando muito caro aos pobres e ao Governo (Andrew B., 2009).

Os efeitos da variabilidade climática.

A variabilidade climática ocorre e é geralmente reconhecida como um risco grave para o desenvolvimento (IPCC, 2001; Sperling, 2003). A variabilidade climática representa atualmente uma ameaça para o desenvolvimento humano em termos de segurança e de meios de subsistência. Os efeitos da variabilidade climática, sob a forma de inundações, secas, precipitação irregular e fenómenos extremos, colocam enormes desafios ao desenvolvimento dos países em desenvolvimento e das populações mais pobres, que dependem de sectores económicos sensíveis ao clima, como a agricultura de sequeiro, e cujas capacidades económicas, tecnológicas e humanas são limitadas (IPCC, 2001a). Os países industrializados e os países em desenvolvimento não são afectados da mesma forma pela variabilidade climática. Mesmo dentro de um mesmo país, os efeitos variam consideravelmente em função da população e dos sectores económicos. Muitos países em desenvolvimento já estão a sofrer fenómenos climáticos sob a forma de inundações, secas, vagas de calor e ciclones tropicais, que são mais frequentes ou intensos do que anteriormente (Dai et al., 2004; Trenberth et al., 2007), e os seus efeitos indicam que a variabilidade climática futura terá consequências para o ambiente, os sistemas de produção e os meios de subsistência. Nos países em desenvolvimento, os riscos são também mais elevados na agricultura, nas pescas e noutros domínios dos meios de subsistência rurais (Adger *et al.*, 2003). Consequentemente, os países em desenvolvimento e as comunidades pobres são afectados de forma desproporcionada pela mortalidade, pela desintegração social e pelas perdas económicas. A variabilidade climática irá agravar este fardo através do seu impacte nos sistemas naturais e humanos (Sperling e Szekely, 2005). A variabilidade climática terá um impacto direto no desenvolvimento de actividades sensíveis ao clima, como a agricultura, e um impacto indireto em questões sociais como a pobreza e a educação (Eriksen e Noess, 2003).

Além disso, as variações climáticas podem exacerbar as desigualdades devido à distribuição desigual dos custos dos danos e das medidas de adaptação e atenuação necessárias (Paavola e Adger, 2002). As variações climáticas podem levar à escassez de recursos ambientais em certas regiões, o que pode afetar os meios de subsistência das pessoas e levar à migração ou, em casos extremos, a conflitos entre grupos sociais (Huq et al., 2006). Dado que a magnitude das flutuações actuais e dos riscos climáticos adicionais para o desenvolvimento é tão grande e generalizada, a integração da vulnerabilidade climática atual e futura no desenvolvimento é um requisito urgente para o desenvolvimento sustentável. É evidente que a variabilidade climática terá impactos negativos em sectores socioeconómicos como os recursos hídricos, a agricultura, a silvicultura, a pesca, as povoações humanas, os sistemas ecológicos e a saúde humana em muitas partes do mundo.

Os países em desenvolvimento são os mais vulneráveis, incluindo África (IPCC 2000a). Isto indica que África é um dos continentes mais vulneráveis à variabilidade climática. Apesar de ser o continente que menos contribui para as emissões globais de gases com efeito de estufa, é considerado o mais vulnerável aos efeitos das alterações climáticas porque 1) uma grande parte da sua população vive em regiões subtropicais, onde se prevê que as temperaturas aumentem e a precipitação diminua; 2) a população depende fortemente dos recursos naturais, da pecuária e da agricultura para a sua subsistência; e 3) muitas partes de África vivem em condições de pobreza extrema, o que dificulta a resposta aos efeitos das alterações climáticas. A vulnerabilidade também resulta da interação de "pressões múltiplas", incluindo a degradação e a desertificação dos solos, o declínio dos fluxos das bacias hidrográficas, a forte dependência da agricultura de subsistência, a prevalência do VIH/SIDA, mecanismos governamentais inadequados e o rápido crescimento da população a diferentes níveis, bem como a baixa capacidade de adaptação devido a factores como a pobreza extrema, as catástrofes naturais frequentes, como secas e inundações, e a agricultura de sequeiro (Boko *et al.* 2007).

Uma grande parte das pessoas que sofrem de fome e subnutrição depende da agricultura e da pecuária, sendo por isso vulneráveis aos efeitos das variações climáticas (Liwenga et al., 2007). Mais de mil milhões de pessoas estão atualmente subnutridas, principalmente nos países em desenvolvimento (FAO, 2009a). Em África, estima-se que mais de 218 milhões de pessoas, ou seja, cerca de 30% da população total, sofrem de fome e subnutrição crónicas (FAO, 2009b). Com base nas tendências actuais, é pouco provável que os governos consigam reduzir para metade a proporção de pessoas com fome em África até 2015 (ODM 1c).

Na Tanzânia, por exemplo, o produto interno bruto (PIB) deveria ter crescido 6,9% em 2005, mas apenas cresceu 6,8%. Esta situação deveu-se a uma seca grave que afectou a maior parte do país, levando à escassez de alimentos e a uma crise energética (Andrew, 2009). Os efeitos da variabilidade climática também incluem o aumento da precipitação, levando a situações críticas como os episódios El Niño ou a precipitação abaixo do normal (La Niño) (URT, 2008). A Tanzânia regista secas e inundações periódicas ligadas à variabilidade climática. As alterações da temperatura média e da precipitação, bem como o aumento da variabilidade da precipitação, podem prolongar a estação seca num ano e aumentar a gravidade das secas periódicas (URT, 2008).

A variabilidade climática (CV) é suscetível de exacerbar a seca e aumentar a vulnerabilidade potencial das populações às futuras alterações climáticas, em especial nas regiões semi-áridas (Hillel e Rosenzweig, 1989), onde a produção agrícola e pecuária é essencial para a segurança alimentar e os meios de subsistência rurais. Dado que a maioria das pessoas nas zonas rurais está excessivamente dependente da agricultura de sequeiro, as variações climáticas são um fator importante que limita a produção agrícola e conduz à insegurança alimentar e a baixos rendimentos. Por exemplo, as secas e as inundações resultaram em perdas de colheitas e danos nas culturas e no gado, levando a uma escassez crónica de alimentos (Liwenga et al., 2007; Kangalawe e Liwenga, 2005).

Além disso, o aumento das temperaturas acelerou a propagação de doenças relacionadas com o clima, como a malária e a dengue, para zonas onde não estavam presentes nas décadas anteriores, colocando mais pessoas em risco (URT, 2007; Yanda et al., 2006). O aumento das inundações acelera a multiplicação dos vectores da malária em zonas anteriormente secas. Estudos recentes mostram que o paludismo relacionado com o clima está a aparecer em zonas onde normalmente não está presente, por exemplo, em partes da região de Kagera, Rungwe em Mbeya, Lushoto e Amani na região de Tanga (URT, 2008). As epidemias no Vale do Rift estão ligadas a variações climáticas. Entre 1950 e 1998, três quartos das epidemias de febre do Vale do Rift (FVR) ocorreram durante eventos ENSO quentes, como o El Niño. Recentemente, foi noticiado que a febre do Vale do Rift (FVR) causou muitas mortes na Tanzânia (Mugurusi, 2008). Foram também registadas outras doenças ligadas à variabilidade climática, como a cólera e a meningite. Cerca de 162 milhões de pessoas em África vivem em zonas onde existe o risco de meningite (Mugurusi, 2008).

Pastoralismo e variabilidade climática.

A pastorícia é uma relação simbiótica sofisticada entre a ecologia local, o gado e as pessoas em condições de escassez de recursos, marginalidade climática e alta variabilidade. É uma forma complexa de gestão dos recursos naturais em que existe um equilíbrio ecológico permanente entre as terras de pastagem, o gado e as pessoas (WISP, 2007). Os agregados familiares pastoris são aqueles em que pelo menos 50 por cento do rendimento bruto do agregado familiar, incluindo o rendimento e o consumo, provém do gado ou de actividades relacionadas com o gado (Swift, 1998). A variabilidade climática é uma caraterística das terras secas africanas, uma vez que a precipitação varia consideravelmente de um ano para o outro e dentro do mesmo ano. A pastorícia é um sistema de subsistência que permite aos habitantes das terras secas lidar com estas condições difíceis (DFID 1999). Na África subsaariana, por exemplo, a pastorícia móvel é praticada principalmente em zonas áridas e semi-áridas. Estas zonas são quentes e secas, com precipitação baixa e irregular. Poucas actividades são adequadas a estas condições imprevisíveis, mas a pastorícia é particularmente apropriada, pois permite que as pessoas se adaptem, deslocando o seu gado em resposta à disponibilidade flutuante de água e pasto (Brooks, 2006).

Embora os sistemas de pastoreio sejam muito diferentes uns dos outros, a maior parte deles partilham um certo número de caraterísticas comuns: as rações dos animais dependem das pastagens naturais e a pluviosidade é o principal fator que determina a quantidade e a qualidade das pastagens e da água Os rebanhos são constituídos principalmente por raças locais. O gado não é apenas um bem económico, mas também um bem social, cultural e espiritual, que define a identidade social. Os recursos naturais são geridos ao abrigo de regimes de propriedade comum, em que o acesso às pastagens e à água é negociado e sujeito a acordos flexíveis e recíprocos (Otter. (ed.) 2007).

A maioria dos modelos de variabilidade climática prevê o aumento das temperaturas e a diminuição da precipitação em muitas regiões áridas (McCarthy *et al.*, 2001). Consequentemente, estas regiões tornar-se-ão cada vez mais secas e a atual escassez de água agravar-se-á. Além disso, é provável que a variabilidade climática conduza a precipitações ainda mais erráticas e imprevisíveis e a fenómenos meteorológicos mais extremos, como secas mais longas e mais frequentes (Toulmin, 2009). Se tal acontecer, o delicado equilíbrio de que dependem os sistemas de pastoreio será afetado. A qualidade, a quantidade e a distribuição espacial das pastagens naturais dependem, em grande medida, da precipitação (Bolling, 2003). As alterações previstas nos padrões de precipitação tornarão inevitavelmente as terras de pastagem cada vez mais escassas, fragmentadas e imprevisíveis. A quantidade, a distribuição e a produtividade das pastagens permanentes e dos charcos, tão importantes para a sobrevivência do gado durante a estação seca, irão diminuir *(ibid.)*. A escassez de recursos, associada ao atual crescimento demográfico, é suscetível de exacerbar a concorrência entre as comunidades pastoris, bem como entre estas e outros grupos, o que poderá conduzir a conflitos e mesmo a confrontos violentos (Mugurusi, 2008). Consequentemente, o acesso às terras de pastagem está a tornar-se cada vez mais difícil, levando à perda de gado e de meios de subsistência.

Estima-se que as variações climáticas terão um impacto na distribuição de doenças e parasitas, no seu habitat, prevalência, ocorrência e sazonalidade, mas a extensão das alterações permanece altamente incerta (IPCC, 2007). Os efeitos potenciais das variações climáticas nas doenças humanas são relativamente mais conhecidos do que os efeitos na saúde animal. No entanto, é de esperar que a variabilidade climática, ao alterar a temperatura, a precipitação, a humidade e o vento, afecte a adequação do habitat tanto dos agentes patogénicos como dos vectores de doenças (Agrawala *et al.* 2003). É provável que o stress térmico e a seca tenham efeitos negativos adicionais na saúde humana e animal e na resistência às doenças (IPCC, 2007).

A variabilidade climática e os meios de subsistência dos pastores estão ligados: Os pastores e o seu gado dependem direta ou indiretamente do ambiente, e as ameaças da variabilidade climática, incluindo as secas prolongadas, têm consequências significativas para eles. As secas graves afectam a disponibilidade de água e de forragem para o gado, e os períodos prolongados de seca resultam na perda de um grande número de animais na maioria das zonas de criação de gado (Tyson et al., 2000). As secas prolongadas e frequentes também deterioram os recursos de pastagem e levam à fome e à morte do gado. Estudos efectuados por Rosenzweig et al (2002) mostraram que as mudanças nos padrões e quantidades de precipitação levam a perdas e à redução da produção pecuária. No entanto, a capacidade de adaptação das populações para aumentar a sua resiliência às alterações climáticas é limitada por uma série de factores sociais, económicos, políticos e legais. Cada espécie e raça de gado lida de forma diferente com o calor, a água e o stress alimentar (Toulmin, 2009). Por exemplo, a raça de gado mais comum em África, *Bos indicus*, triplica o seu consumo de água quando a temperatura sobe de 10 para 35 graus Celsius (NRC, 1981). Os camelos e as cabras precisam de menos. As variações na precipitação e na temperatura também têm um impacto no padrão e na propagação das doenças do gado (Toulmin, 2009). Na década de 1990, por exemplo, uma seca obrigou os criadores de gado da África Oriental a deslocar o seu gado para novas pastagens, expondo-o a um contacto mais próximo com animais selvagens e à peste bovina *(ibid.)*. As epidemias de carbúnculo estão frequentemente associadas a temperaturas elevadas e à alternância entre chuvas fortes e secas, e a febre do Vale do Rift (FVR) ocorre rapidamente em regiões secas após chuvas invulgarmente fortes. Como resultado, a epidemia de FVR de 2007 teve muitas consequências negativas não só para os criadores de gado, mas também para um grande número de pessoas que trabalham na cadeia de comercialização do gado (Toulmin, 2009). Os criadores sofreram elevadas taxas de mortalidade e de aborto, bem como perdas de rendimento devido à impossibilidade de vender os seus animais *(ibid.)*. Perante a proibição imposta após o anúncio do surto de febre do Vale do Rift, os comerciantes foram confrontados com a mortalidade dos efectivos e com animais por vender. Os matadouros e os talhos também sofreram com a falta de atividade (Wanyoike e Rich).

No passado, as secas graves, como as que atingiram o Sahel nas décadas de 1970 e 1980, afectaram gravemente os meios de subsistência dos pastores, o que fez com que muitos perdessem a maior parte, se não a totalidade, dos seus rebanhos. Durante as secas no Sahel, 62% do gado e 55% dos pequenos ruminantes morreram, ilustrando a extrema vulnerabilidade das comunidades pastoris aos riscos climáticos (Bolling 2003). É de esperar uma queda na produção de leite e de carne quando as temperaturas excedem o limite térmico dos animais. As alterações nas doenças transmitidas por vectores, como a tripanossomíase, também podem ter consequências significativas (Otter L. (Eds), 2007). Se os gases com efeito de estufa duplicarem, a qualidade da forragem pode deteriorar-se até 8% em grandes áreas da África Central (Tyson et al., 2000). Depois de cada seca, os agricultores levavam muitos anos a reconstruir os seus rebanhos. As secas mais longas e mais frequentes são susceptíveis de aumentar significativamente a pobreza entre os grupos de pastores. Isto deve-se ao facto de anos consecutivos de seca extrema destruírem os rebanhos e impedirem a sua recuperação. Nas últimas décadas, a pastorícia na Tanzânia tem enfrentado graves problemas ambientais causados por secas persistentes e actividades humanas (Yanda *et al.*, 2006). A frequência das secas nos últimos 60 anos no norte semi-árido da Tanzânia mostra que os intervalos de seca variam de 12 anos na década de 1930 a 6 anos nas décadas de 1960 e 1970 e a 4 anos nas décadas de 1980 e 1990 (Bee *et al.*, 2002). No futuro, esta variabilidade crescente será ainda mais acentuada pelo aquecimento global.

As comunidades pastoris são extremamente vulneráveis, uma vez que as variações climáticas reduzem a quantidade de terras de pastagem disponíveis para o gado na Tanzânia. Atualmente, cerca de 60% de todas as terras de pastagem estão infestadas de moscas tsé-tsé, o que as torna impróprias para o pastoreio do gado e para a instalação humana (República Unida da Tanzânia, 2007). Além disso, a redução das terras de pastagem pode exacerbar os conflitos entre agricultores e cultivadores e contribuir para o apascentamento do gado, o que aumenta a pobreza. Já foram registados conflitos entre pastores e agricultores na região de Morogoro, no distrito de Kilosa, no distrito de Mamba, na região de Mara e no distrito de Kilimanjaro (DILAPS, 2007). As variações climáticas também têm um impacto no desenvolvimento das crianças destas comunidades pastoris, uma vez que são obrigadas a efetuar migrações intermináveis em busca de pasto e não podem frequentar a escola. O seu futuro também se afigura sombrio, uma vez que, quando atingem a idade adulta, podem já não ter uma base económica a partir da qual possam conduzir as suas próprias vidas.

Dados os múltiplos efeitos negativos dos actuais riscos climáticos nos meios de subsistência dos pastores, é necessário ter em conta o impacto da variabilidade climática para garantir a sobrevivência e a resiliência a longo prazo destas comunidades. Para tal, é necessário compreender a forma como o clima já mudou nas últimas décadas e como se prevê que mude nas próximas décadas.

Área de estudo.

O distrito de Longido é um dos distritos mais jovens da Tanzânia e faz parte do distrito de Monduli desde 2005. Situa-se entre as latitudes 2'20" e 3'10" a sul do equador e a longitude 36'00" a leste do meridiano de Greenwich. Administrativamente, está dividido em três distritos (Longido, Ketumbaini e Endouiment), nove comunas e trinta aldeias. O maior grupo étnico do distrito é o dos Maasai, que são principalmente e exclusivamente criadores de gado. O distrito faz fronteira a norte com o Quénia, a sul com o distrito de Monduli, a leste com o distrito de Siha, a sudeste com o distrito de Arumeru e a noroeste com o distrito de Rombo. Longido é um dos seis distritos da região de Arusha, cobrindo uma área de 7.782 quilómetros quadrados.

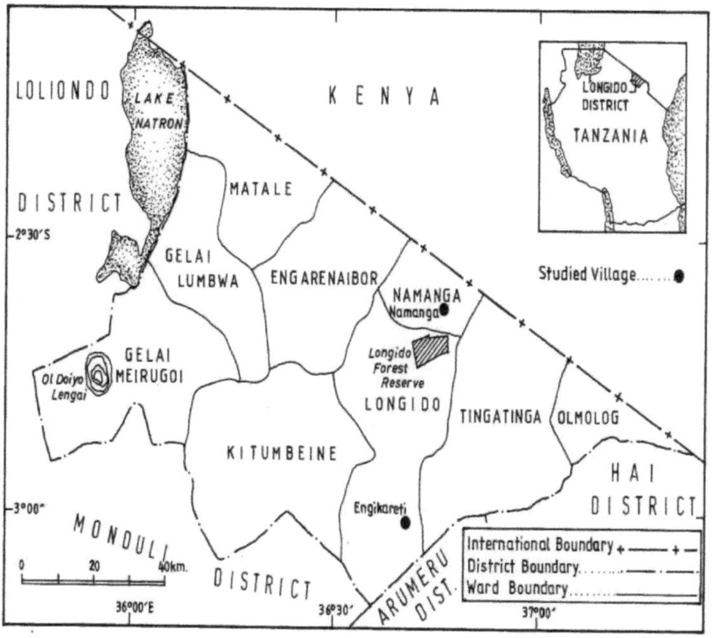

Figura 2: Mapa do distrito de Longido mostrando a localização das áreas estudadas.

Fonte: Departamento de Cartografia, Universidade de Dar es Salaam, 2010.

Clima e caraterísticas físicas.

A região é considerada uma das mais secas da Tanzânia, com temperaturas entre os 20 e os 35°C. A precipitação varia entre menos de 500 mm nas terras baixas e 900 mm terras altas ocidentais.

Monte Kilimanjaro, Monte Ketumbaini e Monte Gelai. Existem várias montanhas isoladas no distrito, incluindo o Monte Ketumbaini, o Monte Gelai e o Oldonyo Lengai. Elevação vertical

de 600 m a 2900 m acima do nível do mar. A vegetação é variada: floresta mista, arbustos e prados.

Estrutura da população.

Administrativamente, o distrito compreende três divisões, nove comunas e trinta e três aldeias. Segundo o recenseamento de 2002, o distrito tinha uma população de 74 074 habitantes, dos quais 37 919 mulheres e 36 155 homens (Relatório do Recenseamento Geral da População e da Habitação (2002)). Segundo as estimativas, a população do distrito poderá atingir 96.172 habitantes até 2009, dos quais 49.048 mulheres e 47.124 homens, com uma taxa de crescimento anual de 3,85% (Perfil do distrito, 2009).

Atividade económica.

Existem duas zonas ecológicas no distrito de Longido: a zona de planalto, onde se pratica a agricultura e que representa cerca de 5% da superfície total do país, e a zona de planície, onde se pratica a pecuária e que representa 95% da superfície. As actividades económicas nas terras altas incluem as culturas (milho, trigo e feijão) e a criação de gado melhorada, com pasto e água durante todo o ano. Nas terras altas, existem cerca de 132 vacas leiteiras e 74 cabras leiteiras, enquanto nas terras baixas se pratica a pecuária extensiva, principalmente bovinos, caprinos e ovinos. Em geral, 80% da população total depende da criação de gado para a sua subsistência e para obter rendimentos para serviços sociais temporários. Como resultado, a população do distrito obtém cerca de 63% da sua alimentação a partir da terra. O distrito cobre uma área de 639.235 hectares utilizados para pastagem, ou seja, 95% da área total. O efetivo pecuário totaliza cerca de 914.707 cabeças, das quais 356.664 bovinos, 329.683 caprinos, 192.970 ovinos, 22.730 burros, 160 suínos, 12.320 aves de capoeira e 180 camelos, e está a crescer a uma taxa de 3,8% ao ano (Perfil do Distrito, 2009).

Materiais e métodos

Os dados em que se baseia este estudo foram recolhidos em duas aldeias do distrito de Longido, Engikareta e Namanga. Como parte do estudo, foram recolhidos dados secundários e primários. Os dados secundários incluíram artigos e relatórios relevantes publicados, bem como dados de precipitação e temperatura fornecidos pela Agência Meteorológica da Tanzânia (TMA). Os dados primários foram recolhidos utilizando métodos quantitativos e qualitativos. Os métodos qualitativos consistiram em entrevistas e discussões em grupos de discussão, bem como num historial de vários eventos relacionados com o clima ao longo dos anos, que foram descritos e registados. Por último, foram também efectuadas observações diretas. Os dados quantitativos foram recolhidos através de questionários enviados aos agregados familiares numa amostra de 10% para cada aldeia.

Quadro 1: Número de agregados familiares da amostra por aldeia

Aldeias	Quantidade Agregados familiares	Amostra de agregados familiares	Percentagem
Egikaret	508	51	10
Namanga	684	68	10

Fonte : O Investigação, 2010.

Conclusões e debates

A perceção das variações climáticas pelos povos indígenas

As populações indígenas estão geralmente familiarizadas com o seu ambiente e as alterações a que este está sujeito. As populações indígenas que estão mais expostas à variabilidade climática têm uma melhor compreensão do seu impacte nos seus meios de subsistência. Ao identificar as percepções e experiências das populações indígenas sobre a variabilidade climática, o estudo revelou que as populações indígenas estão muito conscientes da variabilidade climática e têm uma ideia clara do que é a variabilidade, particularmente em termos de padrões de precipitação e da intensidade dos fenómenos climáticos. A variabilidade climática foi entendida como um fenómeno ligado a mudanças nos elementos meteorológicos, como a precipitação. A perceção da variabilidade climática pelos residentes locais é ilustrada na Figura 2.

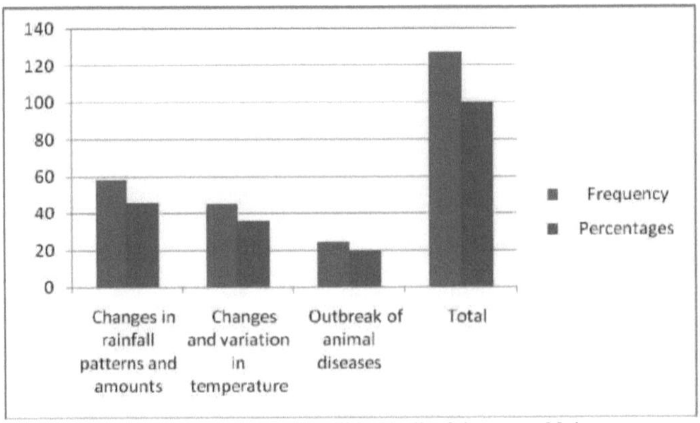

Figura 3: Perceção da variabilidade climática por aldeia.

Fonte: estudo de campo, 2010.

A tabela acima mostra que a maioria dos inquiridos (45,4%) nas duas aldeias estudadas considera as alterações e a variabilidade climáticas como um fenómeno ligado a mudanças nos padrões e quantidades de precipitação. Por outro lado, 35,4% dos inquiridos atribuem as mudanças de temperatura à variabilidade climática. Além disso, 19,2% dos inquiridos vêem a variabilidade climática como algo ligado ao surto de doenças animais. Estes resultados são mais ou menos semelhantes às observações de Maddison (2007) e Livenga *et al.* (2006), que afirmam que elementos climáticos como a precipitação e a temperatura são frequentemente utilizados pela população local para descrever a variabilidade climática.

Perceção dos aborígenes sobre as tendências da precipitação e da temperatura

Em termos das tendências da precipitação e da temperatura observadas pelos residentes locais, o estudo revelou observações consistentes nas duas aldeias estudadas. A maioria dos inquiridos (68,2%) considera que a precipitação está a diminuir e que a região está a ficar mais seca. Outros 31,8% disseram que a precipitação estava a variar. No passado, nomeadamente na década de 1970, a precipitação era abundante, suficiente e distribuída de forma homogénea, mas atualmente as pessoas vivem períodos de seca frequentes e precipitação irregular. Os inquiridos consideram que é difícil avaliar o impacto da pluviosidade na saúde das pessoas.

"Antes, chovia mais e a estação seca durava apenas três meses. Nos outros meses chovia muito, por isso não havia problema. Agora só chove um mês por ano, não o mês inteiro. Chove durante um dia e depois pára. Nunca passei por uma seca assim, é terrível. Antes, não tínhamos este tipo de problemas.

Estas respostas são consistentes com as estatísticas meteorológicas da estação de Arusha (Figura 3). Os dados de precipitação para o distrito mostram uma grande variabilidade na precipitação. Por exemplo, o gabinete do diretor distrital informou que a precipitação tinha caído de 400-600 mm para 70,9-178 mm durante três anos consecutivos (Perfil do Distrito de Longido, 2009).

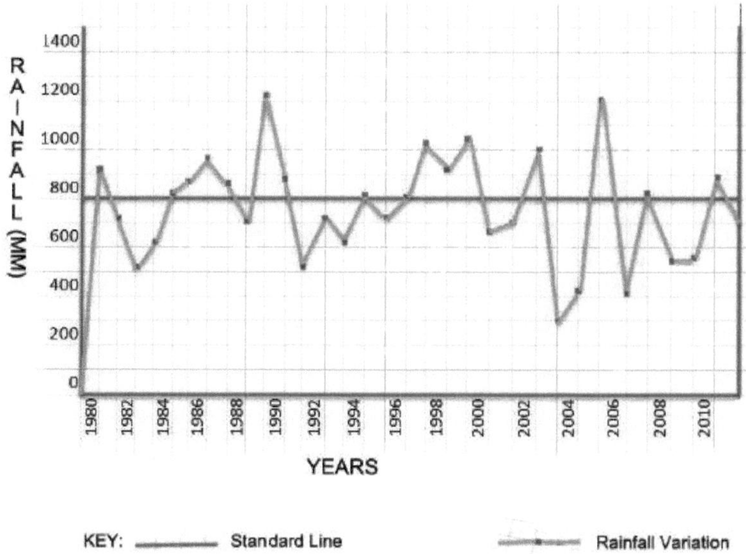

Figura 4: Tendências da precipitação anual na região de Longido durante o período 1980-2010.

Fonte: Agência Meteorológica da Tanzânia, 2010.

Em termos de temperatura, os inquiridos nas aldeias inquiridas disseram que a temperatura média tinha aumentado em comparação com o passado. Estas respostas são igualmente coerentes com as estatísticas meteorológicas. Estes resultados mostram que as populações locais estão bem colocadas para identificar as variações e tendências climáticas na sua região, o que é um pré-requisito para a adaptação.

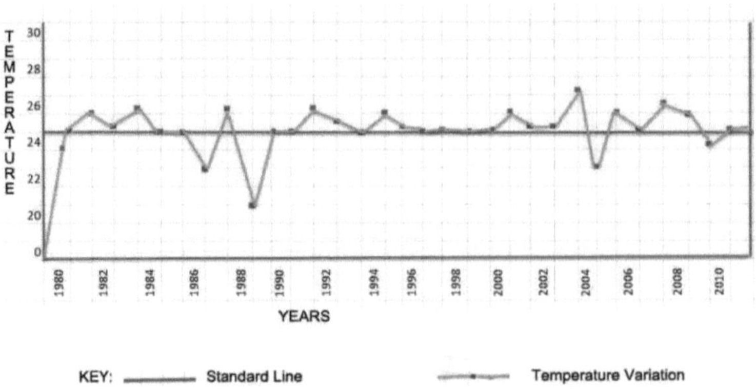

Figura 5: Variação espacial da temperatura na região de Longido 1980-2010.

Fonte: Agência Meteorológica da Tanzânia, 2010

Acontecimentos ligados à variabilidade climática

Merz *et al* (2008) constataram que os residentes locais tinham uma recordação muito clara dos anos em que se registaram condições meteorológicas extremas e outros acontecimentos importantes que levaram a perturbações na produção. As entrevistas com os inquiridos identificaram os anos em que ocorreram fenómenos meteorológicos extremos, desde a década de 1980 até aos dias de hoje. Estes períodos foram escolhidos porque os residentes locais se lembravam deles e eram capazes de os descrever. A área de estudo sofre regularmente de períodos de seca, que têm um impacto negativo nos meios de subsistência e no ambiente.

Table 2: Acontecimentos históricos ligados à variabilidade climática nas aldeias estudadas.

Years	Events	Impacts
1982/1983	Drought	Death of livestock and Eruption of diseases
1991,1993/97	Drought called engima	Death of livestock especially goats, migration to other places

1998/1999	Floods[El Nino rains]	Destruction of infrastructure, Eruption of Livestock diseases
2003	Drought	Death of livestock and migration of people especially to Kenya.
2005,2007,2010	Severe drought	Death of livestock, Drop of income, Livestock diseases migration for searching water and pasture.

Fonte: estudo de campo, 2011.

Impacto das variações climáticas nos meios de subsistência das populações

A criação de gado é uma das principais fontes de rendimento agrícola nas aldeias estudadas. Por conseguinte, uma diminuição da precipitação tem um impacto considerável neste sistema de subsistência.

As variações climáticas e as alterações nos padrões de precipitação em África estão a conduzir a estações secas mais longas e a períodos de seca mais frequentes (Yanda *et al.*, 2011). A seca é um dos factores de stress ambiental mais graves para os pastores na África Oriental. Embora a seca seja um perigo de início lento, afecta mais pessoas em África do que a maioria dos outros perigos *(ibid.)*. As entrevistas com os aldeões revelaram que as variações climáticas têm um impacto significativo na criação de gado, o que afectou os meios de subsistência de muitas pessoas na comunidade e no distrito como um todo. Isto levou a um declínio do número de cabeças de gado. A falta de chuva levou ao pastoreio e ao enfraquecimento do gado.

"Se todo o gado morrer, ficamos arruinados. Não vamos poder alimentar os nossos filhos. Se a seca continuar, não poderemos vestir os nossos filhos. Não os poderemos mandar para a escola. Estamos em choque total porque todas as nossas vacas estão a morrer".

Os funcionários distritais do departamento de pecuária do distrito de Longido fizeram observações semelhantes. Nas aldeias de Engikareta e Namanga, são criados principalmente bovinos, caprinos, ovinos e burros. O tipo de animais criados não sofreu alterações significativas em consequência das alterações climáticas. As diferenças podem estar relacionadas, entre outras coisas, com a disponibilidade de pasto e outras necessidades para estes animais. A maioria dos inquiridos considera que o número de animais, nomeadamente os que pastam, está a diminuir. Entre os factores que contribuem para este declínio estão a falta de pasto de qualidade e de água. De acordo com os inquiridos, muitos animais morreram devido à seca. Uma amostra de 127 inquiridos revelou que 16001 bovinos, 6276 caprinos, 4071 ovinos e 596 burros morreram em 2009/2010. Isto deveu-se à seca persistente, que afectou as pastagens e os recursos hídricos. A deterioração das condições de pastagem durante a seca e o período de sobrepastoreio levaram a uma saúde precária e a elevadas taxas de mortalidade do gado, com repercussões na segurança alimentar e nos meios de subsistência (Challinor *et al.*, 2007).

Quadro 1: Gado afetado pela seca prolongada na aldeia de Namanga

Fonte: estudo de campo, 2010.

Como mostra o gráfico abaixo, 64% de todos os animais das aldeias inquiridas ( ) morreram. Em comparação com os anos anteriores, a produção animal diminuiu. A seca foi a causa mais comum, citada por 95% dos inquiridos. A figura 3 mostra que os caprinos têm uma maior capacidade de sobrevivência em caso de seca do que as outras espécies animais. Os resultados estão mais ou menos de acordo com o que Toulmin (2009) constatou: cada espécie e raça de animal tem uma capacidade diferente de lidar com o stress térmico, hídrico e alimentar. Por exemplo, a raça de gado mais comum em África, *Bos indicus*, triplica o seu consumo de água quando a temperatura sobe de 10 para 35 graus Celsius (NRC, 1981). Os camelos e as cabras precisam de menos água. Além disso, os camelos e as cabras são capazes de chegar às árvores para comer folhas na ausência de outra vegetação, o que lhes dá uma vantagem adaptativa em relação às vacas e às ovelhas.

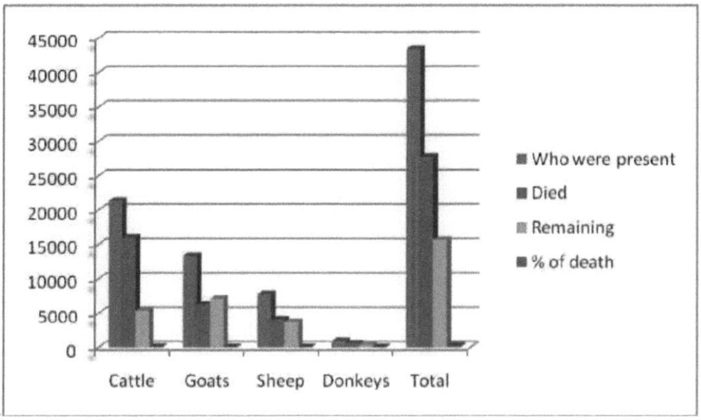

Figura 6: Resumo da mortalidade de animais nas aldeias estudadas

Fonte: estudo de campo, 2010.

O quadro acima e as entrevistas com as pessoas entrevistadas mostram que o preço normal de um gado saudável se situa entre 700.000 e 1.000.000 TZS. Em termos económicos, como mostra o exemplo na tabela, a comunidade perdeu cerca de 12.008.800.000 Tshs, não incluindo cabras, ovelhas e burros. Isto não afectou apenas as famílias, mas também o rendimento do distrito e de outras instituições sociais. Em 2009, por exemplo, foi relatado que, em resultado do impacto, a comunidade já não podia contribuir para os serviços sociais e para a construção de quatro escolas secundárias no distrito. Em 2009/2010, o distrito deveria ter recolhido 128.651.000 Tshs das suas fontes, principalmente do pasto. No entanto, apenas 26.178.612,01 Tshs, ou seja, vinte por cento, foram colectados.

Variações climáticas e doenças do gado

Segundo os relatórios, a criação de gado foi igualmente afetada por um aumento dos parasitas/parasitas e das doenças dos animais. O aparecimento de doenças e parasitas pode dever-se, entre outros factores, à escassez de medicamentos veterinários, de preparações para animais e de produtos veterinários, bem como à fraca capacidade financeira da população para adquirir vários medicamentos veterinários. As doenças também podem ser causadas por um aumento do número de vectores devido às alterações climáticas, à deterioração da qualidade dos alimentos e à falta de água para a criação de gado (Niang *et al.*, 2007). Há provas de que as catástrofes naturais, como a seca, o aumento das temperaturas e as inundações, estão ligadas a certas doenças dos animais. Por exemplo, os surtos de carbúnculo bacteriano estão frequentemente associados a temperaturas elevadas e à alternância de chuvas fortes e secas, e a febre do Vale do Rift (FVR) ocorre rapidamente em zonas secas depois de chuvas invulgarmente fortes. Quanto à ligação entre as doenças animais e as catástrofes naturais, como a seca, as inundações e o aumento das temperaturas, a discussão revelou que existe uma ligação estreita entre as duas. O diretor de pecuária do Departamento de Pecuária do Distrito de Longido descreveu algumas das doenças relacionadas com a seca, as cheias e o aumento das temperaturas que aparecem e apareceram durante estas catástrofes naturais.

Table 3: Principais doenças dos animais na região de Longido

Bacterial Diseases	Viral Diseases	Protozoa Diseases	Other Diseases
Mastitis	Rabies	East coast fever	Helminthiosis
CBPP	Newcastle diseases	Anaplasmosis	Mange
Black quarter		Coccidiosis	

Fonte: Gabinete de Pecuária do Distrito de Longido, 2009.

Acontecimentos ligados à variabilidade climática

Merz *et al* (2008) constataram que os habitantes locais recordam com muita clareza os anos em que se registaram condições climatéricas extremas, bem como outros acontecimentos importantes que levaram a perturbações na produção. As entrevistas com as pessoas entrevistadas permitiram-nos identificar os anos em que ocorreram fenómenos meteorológicos extremos, desde a década de 1980 até à atualidade. Estes períodos foram escolhidos porque os habitantes locais os recordavam e descreviam. A área de estudo sofre em grande medida de secas periódicas, que têm um impacto negativo nos meios de subsistência das pessoas e no ambiente.

Table 4: **Acontecimentos históricos ligados à variabilidade climática nas aldeias estudadas.**

Years	Events	Impacts
1982/1983	Drought	Death of livestock and Eruption of diseases
1991,1993/97	Drought called engima	Death of livestock especially goats, migration to other places
1998/1999	Floods[El Nino rains]	Destruction of infrastructure, Eruption of Livestock diseases
2003	Drought	Death of livestock and migration of people especially to Kenya.
2005,2007,2010	Severe drought	Death of livestock, Drop of income, Livestock diseases migration for searching water and pasture.

Fonte: estudo de campo, 2011.

Variações climáticas e papéis de género

As variações climáticas representam uma séria ameaça para a população das aldeias estudadas e para o distrito de Longido no seu conjunto. Representam um fardo adicional para uma comunidade que já é frágil e vulnerável devido ao facto de viver numa região semi-árida. A discussão revelou que o trabalho está organizado de acordo com o género e a idade. A principal tarefa dos homens é cuidar do gado. Isto inclui o pastoreio, o abeberamento, o tratamento dos animais doentes, a manutenção das pastagens e dos bebedouros e a proteção do gado contra potenciais predadores. O pastoreio é principalmente efectuado por rapazes e jovens, sendo que os homens mais velhos desempenham um papel de liderança ao darem instruções sobre a criação de animais e a manutenção das pastagens e ao decidirem sobre a utilização geral dos recursos comunitários.

As mulheres, por outro lado, são as principais responsáveis pelas actividades domésticas e afins. As suas tarefas incluem a construção e manutenção da casa, a ordenha, a cozinha e a alimentação do agregado familiar, a recolha de lenha e água e a educação dos filhos. Algumas destas tarefas são executadas com a ajuda de raparigas e rapazes. No papel de leiteiras, as mulheres são também responsáveis por criar e cuidar dos animais em lactação e dos seus vitelos. Comparando o impacto e as estratégias de resposta nos papéis de género, 86,7% dos inquiridos afirmaram que não tinha havido qualquer mudança nos papéis de género e apenas 13,3% afirmaram que tinha havido mudanças nos papéis de género. Isto deveu-se ao facto de os desafios não terem tido qualquer impacto nos papéis de género, uma vez que as pessoas do bairro já estavam habituadas aos efeitos da variabilidade climática. A diferença é que os impactos eram agora maiores e, como resultado, a divisão do trabalho entre os sexos tinha aumentado.

Variabilidade climática e rendimentos na região de Longido

A região de Longido é composta por duas zonas ecológicas: a zona de montanha, onde se pratica a agricultura e que representa cerca de 5% da superfície total (terra), e a zona de planície, onde se pratica a pecuária e que representa 95% da superfície. No total, 80% da população total depende da criação de gado para alimentação e rendimento para proporcionar benefícios sociais temporários. A maior parte do rendimento do distrito provém da criação de gado, que é a principal atividade económica do distrito. A seca de 2009/2010 levou a uma queda no rendimento. Em 2009/2010, esperava-se que o distrito recebesse Tshs 128.651.000 de fontes de receitas domésticas, mas só conseguiu ganhar Tshs 26.178.612,01. As actividades turísticas, que também são uma fonte de receitas internas, diminuíram devido à migração de animais em busca de água e pasto e à morte de outros (Perfil do Distrito de Longido, 2009). A queda do rendimento impediu a comunidade de contribuir para a melhoria dos serviços sociais. Por exemplo, em 2009, 1.762 alunos fizeram os exames do ensino primário e, em 2010, esperava-se que 1.057 alunos fizessem os exames, o que corresponde a uma taxa de aprovação de 60%. Havia apenas cinco escolas secundárias no distrito, que só podiam acomodar 880 alunos, enquanto 177 alunos não teriam podido entrar no primeiro ano se não tivessem sido construídas quatro escolas.

Conhecimento tradicional da previsão do tempo.

Tal como referido por Penehuro (2003) e Ajibade e Shokeni (2000), as comunidades locais utilizavam as alterações ambientais para prever as variações do tempo e do clima muito antes do advento de modelos climáticos numéricos sofisticados. | Do **mesmo** modo, a maior parte das pessoas entrevistadas nas aldeias estudadas, em particular os anciãos, reconheceram a existência de métodos tradicionais para o local.

previsões meteorológicas nas suas comunidades. Foi referido que estes métodos tradicionais são frequentemente utilizados para alertar para fenómenos climáticos iminentes, como as secas. Verificou-se também que estes sistemas de previsão climática ajudam a comunidade a lidar com a sua vulnerabilidade. O método mais comum utilizado pela comunidade para prever o tempo é a floração das árvores. Nas aldeias estudadas, a floração de uma árvore conhecida como *eiti* é um bom indicador da chegada das chuvas.

Quadro 2: A árvore local eiti é utilizada como indicador do início das chuvas.

Fonte: estudo de campo, 2010.

Estratégias tradicionais de gestão e adaptação em caso de escassez de água e de pasto.

Os termos "gestão" e "adaptação" referem-se a estratégias de adaptação a um clima em mudança.

(ambiental) (Yanda *et al.*, 2011). Os criadores de gado utilizam tradicionalmente um sistema chamado *gitiri*, em que o gado é temporariamente levado para cada pasto e água durante a estação seca. As estratégias de sobrevivência descrevem as estratégias utilizadas durante as crises, enquanto a adaptação se refere à superação bem-sucedida de uma crise. As entrevistas com os inquiridos revelaram que as estratégias utilizadas pela comunidade para fazer face à escassez de água e de pasto se referem a diferentes sistemas. A estratégia adoptada para fazer face à escassez de água e de pasto depende do nível de água nas nascentes. Quando há pelo menos alguma água nas nascentes, a comunidade utiliza um sistema chamado *olnjoro*, no qual são cavados poços perto das fontes de água e os pastores enchem esses poços com água para que os animais possam beber em grupo. Os poços são enchidos com água das fontes de água principais, que pertencem a famílias e não a comunidades.

Painel 3: Um buraco "olñoro", cavado perto da fonte de água, é utilizado em alturas de falta de água.

Fonte: estudo de campo, 2010.

A falta de água é um dos factores que está na origem da diminuição do número de cabeças de gado nas aldeias estudadas. Os pastores são obrigados a percorrer vários quilómetros em busca de água para o seu gado, e alguns deles deslocam-se permanentemente. A falta de água e a ausência de pastagens de qualidade suficiente representam um grande desafio para os criadores de gado das aldeias estudadas. O mesmo problema existe noutras aldeias do distrito de Longido. Quando os recursos hídricos se esgotam, os pastores decidem migrar para onde há água e pasto disponíveis. As entrevistas com os inquiridos revelaram que eles migram mais frequentemente para áreas como Simanjaro, Babati, Monduli, Ngorongoro, Korogwe e Handeni.

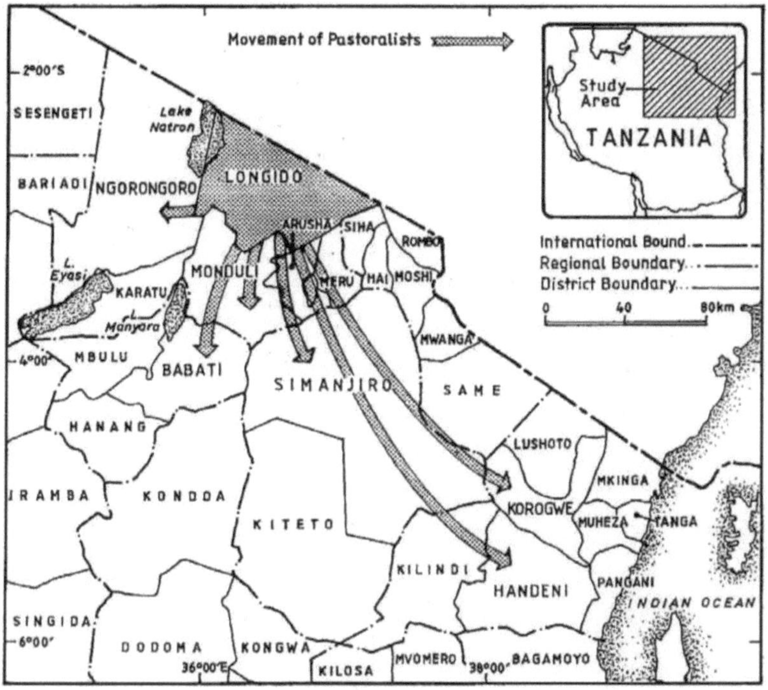

Figura 7: Mapa do distrito de Longido mostrando os movimentos dos pastores durante uma seca severa.

Fonte: Departamento de Cartografia, Universidade de Dar es Salaam, 2011.

Estratégias tradicionais para fazer face à escassez de alimentos

Os agregados familiares de pastores são aqueles em que pelo menos 50 por cento do rendimento bruto, incluindo o rendimento e o consumo, provém do gado ou de actividades relacionadas com o gado (Swift 1998). Os pastores dependem fortemente do leite, da carne, das peles e, nalguns casos, do sangue dos seus animais, assim como da venda de animais jovens, para comprar cereais e outras necessidades básicas. Discussão

Os entrevistados notaram que a segurança alimentar foi severamente afetada pelas secas prolongadas que ocorrem de tempos a tempos em ambas as aldeias. Para lidar com esta situação, as famílias nas aldeias desenvolveram diferentes estratégias de sobrevivência, que dependem das condições económicas e sociais locais. No entanto, o estudo revelou que, em situações críticas de escassez de alimentos, as pessoas dependem da assistência do governo.

Table 5: Estratégias tradicionais para fazer face à escassez de alimentos.

Traditional strategies for coping with food shortage	**Percentage**
Selling livestock to buy food	81.7
Increased used of indigenous plants	6.3
Reduced number of mills	5
Livelihood diversification	8

Fonte: estudo de campo, 2010.

A maioria dos inquiridos, 81,7%, disse que dependia exclusivamente do seu gado, não só em tempos de fome, mas também na sua vida quotidiana. Durante a seca, o problema agrava-se porque os preços descem e a família é obrigada a vender mais gado para comprar comida. Em 2009, por exemplo, o preço do gado caiu dos habituais 600.000 a 1.000.000 para 15.000 a 5.000 xelins tanzanianos. Enquanto o preço do gado era baixo, o preço dos alimentos era alto, obrigando as famílias a vender muito gado para comprar alimentos. Isto levou a uma redução do número de refeições e, em geral, eram as crianças que tinham mais para comer nessa altura.

Outras estratégias utilizadas pelos habitantes das aldeias estudadas em caso de escassez de alimentos são a utilização de plantas locais e a diversificação dos meios de subsistência. É relatado que em tempos de fome, as pessoas tendem a usar espécies de plantas locais que estão disponíveis durante a seca. Por exemplo, nas aldeias estudadas, os frutos silvestres *irmangwa* e *armabati* são *utilizados durante a fome.*

Painel 4: Plantas silvestres locais 'irmangwa e armabat' que as pessoas usaram durante a fome no

das aldeias estudadas.

Fonte: estudo de campo, 2010.

ONG, OCB e estratégias de adaptação institucional.

As ONG, as organizações comunitárias e os cursos de formação institucionais sobre gestão de riscos e perigos existem sob várias formas. As actividades destas organizações ajudaram a sensibilizar o público para o controlo das doenças animais, a prevenção, a melhoria dos produtos de origem animal e as questões ambientais.

Table 6: Institutos, ONG, organizações comunitárias envolvidas no controlo das doenças animais.

Livestock stakeholders	Service providers
SNV	Capacity building livestock producer group
CORDS	Livestock diseases control, prevention, infrastructure and livestock products improvements.

VETAID	Diseases control, prevention and technical advises
VIC	Diseases investigation, diagnosis and technical advises
ILARAMATAK	Milk processing and marketing
VET-AGRO	Diseases investigation, diagnosis, technical advises and East coast fever vaccination
LOPEHCO	Community education on livestock and environmental issues
TRIAS	Support livestock security through improved livestock and tourism in marginalized pastoralists of northern Tanzania

Fonte: Perfil do distrito de Longido, 2009.

Obstáculos percebidos às estratégias de adaptação que utilizam os conhecimentos tradicionais.
O estudo também avaliou os factores que incentivam a utilização dos conhecimentos tradicionais para a adaptação às alterações climáticas.

variabilidade climática nas regiões estudadas. A Tanzânia, por exemplo, é tradicionalmente considerada como uma região

Comunidades de pastores. O gado de pastoreio foi empurrado para áreas demasiado pequenas para um pastoreio sustentável, uma vez que os pastores precisam de liberdade de movimentos para gerir

eficazmente as pastagens. Áreas de recursos importantes, como as pastagens da estação seca, são ocupadas por outras utilizações da terra, como a agricultura, devido ao seu potencial produtivo. Assim que os pastores perdem estas importantes áreas de recursos, toda a sua estratégia de gestão da seca é posta em causa. A competição pelos recursos aumenta consideravelmente o risco de conflito entre diferentes grupos de utilizadores da terra. Este risco é maior em situações de stress como a seca ou as cheias, quando os recursos disponíveis são ainda mais limitados. Muitos pastores já não podem depender exclusivamente da criação de gado, mas outras fontes de rendimento continuam a ser limitadas, como mostra o número crescente de milhares de antigos pastores destituídos.

Decisão de reforçar a aplicação de estratégias de adaptação com recurso aos conhecimentos tradicionais
Tradicionalmente, os pastores têm-se adaptado às diferentes alterações ambientais e climáticas, porque conhecem o ambiente em que vivem. No entanto, são cada vez menos capazes de o fazer, e

cada vez mais pastores estão a perder o seu gado e os seus meios de subsistência. Além disso, as variações causadas pelo aquecimento global ocorrerão a um ritmo que ultrapassa a capacidade espontânea de adaptação das comunidades e das espécies animais.

As discussões com os aldeões permitiram propor medidas para eliminar os obstáculos às estratégias de adaptação com recurso à CT. Reforço das capacidades dos criadores de gado - sensibilização para as flutuações globais e melhoria da capacidade dos pastores/criadores para compreenderem e gerirem as variações climáticas. A formação em tecnologias e práticas agroecológicas para a produção e conservação de alimentos melhora a alimentação dos animais e reduz a subnutrição e a mortalidade dos efectivos. Melhorar a gestão da água através da introdução de métodos simples de irrigação local (por exemplo, gota a gota e aspersão) combinados com instalações de recolha e armazenamento de águas pluviais, tais como pequenas barragens de superfície ou subterrâneas.

Conclusão

As populações indígenas têm uma boa compreensão da variabilidade climática. Com base nas suas experiências e interações com o seu ambiente local, as comunidades locais podem ajudar a explicar os padrões de variabilidade climática e outros factores de stress observados nas suas regiões. As observações locais da variabilidade climática devem, por conseguinte, ser tidas em conta no desenvolvimento de estratégias e medidas de adaptação às alterações climáticas e devem ser associadas aos conhecimentos científicos.

É necessário um estudo científico detalhado a longo prazo para testar alguns dos indicadores locais que as pessoas utilizam para a previsão do tempo, a fim de quantificar a sua fiabilidade e relevância. O conhecimento local continua a ser a estratégia mais fiável nas comunidades estudadas. Por conseguinte, o conhecimento local deve ser ativamente reconhecido e promovido, incorporando-o nas políticas sobre a variabilidade e as alterações climáticas, bem como o conhecimento existente que pode ser útil no desenvolvimento de estratégias de adaptação sustentáveis à variabilidade e às alterações climáticas que sejam ricas em conteúdo local e planeadas com a população local.

Literatura

Adger, N., Hook, S., Brown, C., Conway, D., Hulme, M (2003), **Adaptation to climate change in the developing world,** Progress in Development Studies 3(3): 179195.

Andrew, B. (2009), **"The role of indigenous knowledge in adaptation to climate change and variability",** estudo de caso do distrito de Bagamoyo, Tanzânia.

Babby, E. (1992), The **Practice of Social Research**: Belmont, CA, Wadsworth Publishing.

Boko, M. I. Niang, A. Nyong, C. Vogel, A. Githeko, M. Medani, B. Osman-Elasha, R. Tabo e Yanda, P (2007), **Climate Change 2007: Impacts, Adaptation and Vulnerability**, Cambridge University Press, Cambridge.

Bolling, M. (2003), **Vulnerability and resilience in Africa**. Atualização do IHDP, 2: 8-9.

Boyd, H.K. (1981), **Marketing research**: tests and examples, Richard D Inc, Illinois

Brooks, N. (2006), **"Climate Change, Drought and** Pastoralism **in the Sahel"**, documento de discussão da Iniciativa Global para a Pastoral Sustentável, www.iucn.org/w isp/documents_english/climate_changes.pdf

Challinor, A. Wheeler, T. Garforth, C. Craufurd, P. & Kassam,A (2007), **Assessing the vulnerability of food crop systems in Africa to climate** change, Climatic Change (2007) 83:381-399.

Chambers, (1992), **Participatory rural appraisal**, Institute of Development Studies, Reino Unido, Universidade de Sussex.

Solomon S, Qin D, Manning M, Chen Z, Marquis M, Averitt KB, Tignor M, Miller HL (eds) (2007), **Climate Change**: The Scientific and Physical Basis. Contribuição do Grupo de Trabalho I para o Quarto Relatório de Avaliação do Painel Intergovernamental sobre as Alterações Climáticas. Cambridge University Press, Cambridge,

Cruz, R.V., Harasawa, H., Lal, M., Wu, S., Anokhin, Y., Punsalmaa, B., Honda, Y., Jafari, M., Lee, S., Hu Ninh, N. (2007), **Climate change:** impacts, adaptation and vulnerability.

Contribuição do Grupo de Trabalho II para o Quarto Relatório de Avaliação do Painel Intergovernamental sobre as Alterações Climáticas. Cambridge University Press, Cambridge.

Kubasch e Kasang (2001), **Extreme Events and Climate Change:** In Climate of the 21st[st] Century: Changes and Risks, Hamburgo, Alemanha:

Dai A, Trenberth KE, Qian T (2004), **Conjunto de dados do índice global de seca de Palmer para 1870-2002.** **1870-2002**: relação com a humidade do solo e efeitos de superfície aquecimento. Jornal de Hidrometeorologia 5:1117 1130

Denton, F. ; Sakona, J. et Thomas, J.P. (2001), **Changement climatique et stratégies émergentes de développement durable** : quelles sont les attentes des pays d'Afrique de l'Ouest ? 27, Paris : OCDE

DFID (1999), **Guidelines for Sustainable Livelihoods** 1-4. Departamento para o Desenvolvimento Internacional (DFID), Londres.

Desanker, P. (2001), **África.** Em Climate Change 2001: Impacts, Adaptation and Vulnerability, editado por J.J. McCarthy et al. Cambridge University Press.

Dixon, R.K., Smith, J. e Gill, S. (2003), **Living on the edge**: Vulnerability and adaptation of African ecosystems to global climate change. Mitigação, adaptação e estratégias para as alterações globais.

Ehrhart, C. e Twena, M (2006), **Climate change and poverty in Tanzania**, CARE

Ehui, S (2002), **Food security in** sub-Saharan **Africa to 2020: Socio-economic and Policy Research Working Paper:** Socio-economic and Policy Research Working Paper 49, International Livestock Research Institute (ILRI), Nairobi, Quénia.

Eriksen, S. e L.O. Noess (2003), **Climate Adaptation for the Poor**: Norwegian Development Co-operation and Adaptation to Climate Change. Agência Norueguesa de Cooperação para o Desenvolvimento, Oslo.

FAO (2003a), **Conceptual framework for national strategies and policies for agriculture, rural development and food security**, Roma, Itália.

FAO (2008), **FAO Interagency Working Group on Climate** Change: Climate Change and Food Security, documento-quadro, vialle delle Terme di Caracalla, Roma, Itália.

FAO/NRCB (2008), **Poster apresentado na Conferência Internacional sobre Segurança Alimentar e Alterações Ambientais**, 2-4 de abril de 2008, Oxford, Reino Unido.

Gaiballah, A e Abdallah, N.I. (2016), **Comprendre le système de production pastorale dans un Africa Oriental em:** Pastoralismo e alterações climáticas na África Oriental. Mkuki em.

Nyota Publishers Ltd. Dar es Salaam.

Goldman, M. J. e Riosmena, F. (2013), "**Adaptive capacity in Tanzania's Maasailand:** Changing drought management strategies in perturbed landscapes". Global Envioronmental Change, 23: 588-597.

Hellmuth, E.M. (2007), **Managing Climate Risk in Africa:** Learning from Practice, Instituto Internacional de Investigação sobre o Clima e a Sociedade (IRI), Universidade de Columbia, Nova Iorque.

Hillel, D., Rosenzweig, K. (1989), **The greenhouse effect and its implications for world agriculture**. In. Res. Bull. Preparado para o Climate Change Group/ ENV, Banco Mundial, Washington, DC.

Huq S, Reid H, Murray L.A (2006), **Climate change and development**. Referências. Gatekeeper Series 123, Instituto Internacional para o Desenvolvimento Ambiental.

IPCC, (2001), **Climate Change**: Impacts, Adaptation and Vulnerability. Contribuição do Grupo de Trabalho II para o Terceiro Relatório de Avaliação do Painel Intergovernamental sobre as Alterações Climáticas. Cambridge University Press, Reino Unido.

IPCC (2001a), **Relatório de Síntese, Terceiro Relatório de Avaliação**. Cambridge: Cambridge University Press.

IPCC (2007), **Climate Change 2007: The Physical Science Basis**. Contribuição do Grupo de Trabalho I para o Quarto Relatório de Avaliação do PIAC, Cambridge University Press, Nova Iorque.

IPCC (2007), **Climate Change Impacts, Adaptation and Vulnerability**: Contribution of Working Group II to the IPCC Fourth Assessment Report, Cambridge University Press, Cambridge.

Kanji, S. T. e Louis, V. W. (2007), **Impacts and Adaptation to Climate Variability and Change in the East African Community**. Focus on the agricultural sector, soil fertility and climate change, Centro Mundial de Agroflorestação (ICRAF).

Kangalawe, R.Y.M., Liwenga E.T. (2005), **Livelihoods in the Kilombero Valley Wetlands in Tanzania**: Opportunities and Challenges to Integrated Water Resour. Gestão de Recursos Naturais. Physics Chem. Erde 30: 968-975

Kangalawe R.Y.M., Mung'ong'o K.G., Yanda P.Z., (eds.) (2009), **People's perceptions** and **community responses to climate change and variability**: selected cases in Tanzania, Institute of Resource Assessment, University of Dar es Salaam.

Kothari, K.R. (2004), **Research Methodology**: Methods and Techniques, 2(nd) edition, Wishwa, Prakashan (P) Ltd, New Delhi.

J. Letai e M. O. Neselle (2006), "Livestock trading system in Tanzania", relatório para a Tanzania Pastoralists and Hunter-Gatherers Organisation (TAPHGO), maio.

Liwenga, E.T., Kangalawe, R.Y.M., Liimo, J.G., Majule, A.E. e Ngana, J.O., (2006), "**Research**

protocols for assessing the impacts of climate variability and change in rural Tanzania: water, food systems, vulnerability and adaptation". Instituto de Avaliação de Recursos, Universidade de Dar es Salaam.

Liwenga, E.T. Kangalawe, R.Y.M. Liimo, J.G. Majule, A.E. e Ngana, J.O. (2007), **Research protocols for assessing the impacts of climate change and variability in rural Tanzania**: water, food systems, vulnerability and adaptation, Institute of Resource Assessment, University of Dar es Salaam.

Laing, M.W. (1992), "**Drought Update 1991-1992**: South Africa", Drought Network News, Vol. 4

Mallick, D.L., Rahman, A., Alam, M., Jewel, A.S.M., Ahmad, A.N. e Alam, S.S. (2005), Estudo de caso 3: **Inundações no Bangladesh**: Passando da gestão de desastres para a prontidão de desastres. Boletim IDS 36 (4) 54+.

Magrin G, Garcia CG, Choque DC, Gime'nez JC, Moreno AR, Nagy GJ, Nobre C, Villamizar A (2007) Latin America. Em: Parry ML, Canziani OF, Palutikof JP, van der Linden PJ, Hanson CE (eds). **Climate change 2007:** impacts, adaptation and vulnerability. Contribuição do Grupo de Trabalho II para o Quarto Relatório de Avaliação do Painel Intergovernamental sobre as Alterações Climáticas. Cambridge University Press, Cambridge

Marvasti, A. (2004), **Qualitative Research in Sociology**. London, Thousand Oaks and New Delhi: Sage Publications.

Merz et al (2008), **"Farmers' perceptions of climate change and agricultural adaptation strategies in the rural Sahel"**, Environmental Management 43:804-816.

Mc Carthy, J. J. et al (2001), **Climate Change 2001: Impacts, Adaptation and Vulnerability**. Contribution of Working Group II to the Third Assessment Report of the Intergovernmental Panel on Climate Change, Cambridge University Press, Cambridge.

Micklesen, B. (1995), **Research methods for development work**: A *practitioner's guide*, Sage

Publication India Pvt Ltd.

Ministério do Desenvolvimento da Pecuária e das Pescas (2005), **Statistical Yearbook**, Dar es Salaam, Tanzânia.

Mugurusi, E. K. (2009), **Climate change and** sustainable development: International of Planet Earth 2008-Eathr Science for the benefit of society and sustainable development in Africa.

Mwandosia, M.J. (2007), **Statement to the plenary session on adaptation at the United Nations High-Level Event on Climate Change**, Gabinete do Vice-Presidente, República Unida da Tanzânia.

Nahmias, D. e Nahmias, C.F. (2000), **Research methods in the social sciences.** Martins, Nova Iorque, Nova Iorque.

Nicholson, C. E., Blake, R. W., Reid, R. S. e Shelhas, J. (2001), **Environmental impacts of livestock production in developing countries**. 43, no. 2 pp. 7-17.

NRC (1981), **Environmental influences on the nutrient requirements of domestic animals**, Washington, DC: National Academy Press.

Odala, E.O., Scholes, R.J., Noon, K., Mbowe, K. e Ochola, V.O. (2008), **"Research Strategy for Global Environmental Change in Africa**. Plano Científico e Estratégia de Implementação. Secretariado do IGBP, Estocolmo.

Otter, L. (ed.) (2007), **Processes and consequences of global change in Africa**: A synthesis, East Africa Educational Publishers, Nairobi, Kenya.

Paavola, J. e Adger W.N. (2002), **Equity and adaptation to climate change**. Tyndall Working Paper 23, Universidade de East Anglia, Reino Unido.

Paawola J (2004), **"Livelihoods, vulnerability and adaptation to climate change in the Morogoro Region, Tanzania.** "EDM Working Paper 04-12 do Centro de Investigação Socioeconómica sobre o Ambiente Global, Universidade de East Anglia, Norwich NR4 7TJ, Reino Unido.

Patton, M.K. (1990), **Qualitative evaluation and research methods**, Sage, Londres.

Rosenzweig, C. Cassassa, G. Karolyi, D. J., Imeson, A. Liu, C. Menzel, A. Rawlins C, Roth, T. L. Seguin. B Tryjanowski, P (2007), **Assessing observed changes and responses in natural and managed systems**. In: Parry ML, Canziani OF, Palutikof JP, van der Linden PJ, and Hanson CE (eds) **Climate change 2007:** impacts, adaptation and vulnerability. Contribuição do Grupo de Trabalho II para o Quarto Relatório de Avaliação do Painel Intergovernamental sobre as Alterações Climáticas (IPCC). Cambridge University Press, Cambridge.

Sperling, F. (ed.) (2003), **Poverty and Climate Change**. Washington, DC. Grupo de Recursos sobre Vulnerabilidade e Adaptação.

Sperling, F. e F. Szekely (2005), **Managing disaster risk in a changing climate. Documento de discussão**. Preparado para a Conferência Mundial sobre a Redução do Risco de Catástrofes a pedido do Grupo de Recursos sobre Vulnerabilidade e Adaptação.

Swift, J (1998), **"Factors affecting the dynamics of rural non-farm livelihood diversification and employment in rural areas over space and time"**, Chatham: Natural Resources Institute.

Toulmin, C (2009), Climate Change in Africa. Zed Books, 7 Cynthia Street, Londres.Trenberth KE, Jones PD, Ambenje P, Bojariu R, Easterling D, KleinTank A, Parker D, Rahimzadeh F, Renwick JA, Rusticucci M, Soden B, Zhai P (2007) Observations: surface and atmospheric climate change. In: Solomon S, Qin D, Manning M, Chen Z, Marquis M, Averyt KB, Tignor M, Miller HL (eds) **Climate change 2007**: the physical science basis. Contribuição do Grupo de Trabalho I para o Quarto Relatório de Avaliação do Painel Intergovernamental sobre as Alterações Climáticas. Cambridge University Press, Cambridge.

UK Met Office em linha. **Climate Change Matters,** www.metoffice.gov.uk/faqs/2.html, acedido na quarta-feira, 20 de dezembro de 2010.

URI, (2002), **Recenseamento da População e da Habitação,** Dar es Salaam, Tanzânia

URI, (2003). **Initial National Communication under the United Nations Framework Convention on Climate** Change (UNFCCC), Gabinete do Vice-Presidente, Dar es Salaam, Tanzânia.

URT (2007), **"National Adaptation Programme of Action (NAPA)",** Gabinete do Vice-Presidente, Divisão do Ambiente, Dar es Salaam, Tanzânia.

URI (2008), Policy **Brief:** Climate Change and Livestock Production in Tanzania, Gabinete do Vice-Presidente, Divisão do Ambiente, Dar es Salaam, Tanzânia.

URT (2008), **State of the Environment Report**, Gabinete do Vice-Presidente, Divisão do Ambiente, Dar es Salaam, Tanzânia.

URT (2013), **"Política Agrícola Nacional".** Ministério da Agricultura, Segurança Alimentar e Cooperativas, Dar es Salaam, Tanzânia.

Van Duivenbouden, N Abdussalam, S Mohamed, A.B. (2002), **Impact du changement climatique sur la production agricole au Sahel**. Parte 2: Um estudo de caso do amendoim e do feijão-frade no Níger. Climate Change.

Wanyoike, F. e Rich, K.M. (2007), **Socio-economic impact of the Rift Valley fever outbreak in Kenya**: A case study of the livestock marketing chain in North Eastern Province' Nairobi: ILRI.

Wilhite, D (2000), Drought **as a natural disaster**: concepts and definitions in Wilhite, D (ed.), Drought: A Global Assessment, vol 1, Routlegde, London.

OMM (1992), **Dicionário Internacional de Meteorologia**, (2ª) edição, Publicação nº 182.

Global Initiative for Sustainable Pastoralism (2007), "Shifting Winds or Winds of Change? Climate Change, Adaptation and Pastoralism" (Alterações Climáticas, Adaptação e Pastoralismo).

Ziervogel, A. Cartwright, A. Adejuwon, J. Zermoglio, F. Sheil, M. e Smith, B, (2008), **Change and adaptation in African agriculture Climate**, Stockholm Environment Institute, Estocolmo.

Precipitação mensal em Longido (mm)

Year	Jan	Feb	Mar	Apr	May	Jun	Jul	Ag	Sep	Oct	Nov	Dec
1980	107.4	40.9	174.3	360.6	55.0	0.0	0.0	17.8	3.4	12.7	69.2	93.2
1981	94.3	46.5	108.0	181.2	91.2	3.6	0.0	0.0	17.4	36.6	78.5	85.9
1982	28.3	55.5	72.4	159.7	97.3	7.2	12.5	3.7	9.9	m	238.5	111.3
1983	17.0	117.8	94.2	92.7	83.3	19.0	1.3	0.0	0.0	0.0	53.9	156.9
1984	47.5	16.2	70.3	329.1	30.8	21.2	4.6	0.6	0.0	8.7	157.8	119.2
1985	3.7	122.7	164.8	314.2	36.5	1.3	3.4	0.0	m	43.1	97.7	91.9
1986	192.7	3.5	176.5	249.5	121.8	3.7	2.9	8.0	0.0	29.6	61.2	137.3
1987	201.2	82.5	174.3	111.6	78.2	4.9	10.2	13.6	0.0	8.0	150.7	27.5
1988	89.6	22.7	207.8	188.4	8.5	22.1	0.0	6.9	0.0	9.3	56.4	104.1
1989	97.1	47.7	289.0	340.9	57.7	11.8	3.5	1.6	1.3	1.3	52.7	321.0

1990	73.9	161.5	267.4	153.0	36.8	0.9	0.0	0.0	0.0	27.2	127.2	42.2
1991	63.7	4.6	104.8	53.5	73.3	0.5	1.8	1.5	0.0	12.5	80.1	119.4
1992	18.8	75.1	60.0	233.8	96.6	4.6	1.5	0.0	1.0	11.7	146.1	96.7
1993	129.7	75.2	57.6	134.1	71.9	0.8	0.0	0.0	0.0	23.7	80.9	81.8
1994	103.6	102.8	276.2	94.5	72.1	4.3	13.8	0.0	1.6	14.6	52.3	115.0
1995	69.9	52.1	246.4	133.0	112.1	0.0	0.9	11.3	0.0	52.5	31.1	41.1
1996	108.3	150.0	164.6	198.6	87.7	2.0	0.0	0.0	0.0	0.0	77.9	39.7
1997	27.2	10.6	82.8	362.9	124.5	15.1	9.7	0.0	0.0	62.5	195.1	197.4
1998	202.9	104.0	174.7	256.0	113.0	19.7	6.3	0.0	0.0	0.0	5.0	41.2
1999	46.9	10.6	82.8	362.9	124.5	15.1	9.7	0.0	0.0	62.5	195.1	197.4
2000	28.1	51.0	123.6	157.1	26.6	8.6	2.7	5.3	1.1	1.1	122.2	167.6
2001	206.0	82.5	217.6	121.5	29.4	14.6	0.0	0.0	0.0	0.0	28.6	0.0
2002	183.9	150.2	174.7	133.7	29.2	3.5	0.0	10.0	16.7	35.3	83.2	193.0
2003	65.9	11.6	113.7	71.3	M	9.0	0.0	0.0	6.5	6.3	33.0	80.8
2004	96.5	98.8	109.8	180.7	24.4	3.1	3.1	0.0	24.9	20.0	22.7	203.6
2005	m	m	167.0	176.1	31.7	0.0	4.4	0.0	0.0	0.0	16.3	24.6

m - indica um valor em falta

Longido Temperatura máxima média (°C)

2006	102.4	32.6	283.4	283.2	52.2	8.2	9.8	0.0	0.0	95.1	188.8	151.9
2007	57.0	40.8	88.7	55.1	52.6	3.7	0.0	8.5	0.0	8.5	12.3	116.8
2008	61.8	64.6	304.5	237.3	M	0.0	0.0	0.0	0.0	0.0	130.2	39.1
2009	90.0	61.4	25.4	135.7	65.0	0.0	0.0	0.0	0.0	29.2	150.7	194.9
2010	60.1	126.9	153.4	211.6	56.6	0.0	0.0	0.0	0.0	3.0	42.7	102.8

Year	Jan	Feb	Mar	Apr	May	Jun	Jul	Aug	Sep	Oct	Nov	Dec
1980	28.1	28.0	26.4	29.0	23.7	22.0	20.8	22.0	26.3	27.3	26.0	26.2
1981	30.4	31.4	28.6	26.1	23.5	22.8	23.4	22.1	25.3	28.3	27.3	26.7
1982	29.3	30.6	27.7	24.4	22.7	21.3	20.6	21.0	25.4	27.0	27.3	26.8
1983	28.9	29.4	29.7	26.4	24.1	22.5	22.8	24.0	26.1	27.6	28.7	27.2
1984	28.2	28.1	29.1	26.4	23.7	22.0	20.9	22.0	26.3	27.3	26.0	26.2
1985	29.0	27.0	27.8	24.7	22.4	21.8	22.2	23.1	25.7	26.8	25.9	27.2
1986	27.0	30.3	28.7	25.1	22.2	21.0	22.0	23.4	25.3	27.8	27.4	26.4

1987	29.4	29.6	29.1	26.7	23.6	22.0	22.6	23.4	26.3	28.6	27.9	29.9
1988	29.4	30.4	25.1	23.9	28.6	22.7	23.2	23.8	25.7	28.8	24.0	27.7
1989	26.3	28.6	28.2	24.6	22.7	21.7	21.7	22.1	24.9	27.5	28.0	27.8
1990	26.9	28.2	25.4	24.8	23.6	22.8	22.3	22.2	25.6	27.4	27.4	26.7
1991	29.3	30.2	29.3	26.9	23.4	22.7	22.2	23.3	25.9	27.8	27.8	26.6
1992	28.9	29.4	30.2	25.3	23.0	21.4	21.1	22.3	25.1	27.3	27.1	26.3
1993	25.8	27.7	28.5	26.9	24.5	22.5	22.1	23.4	25.9	27.1	28.9	28.9
1994	29.9	30.8	25.0	25.2	22.1	21.3	21.4	23.3	25.6	28.1	27.5	26.5
1995	29.2	30.4	25.3	23.0	22.4	20.4	21.3	24.0	25.0	27.2	27.9	29.0
1996	29.0	27.9	28.3	24.3	22.8	21.7	21.8	23.5	25.9	27.0	27.7	29.7
1997	30.7	31.5	29.5	24.9	21.8	21.3	21.1	23.7	25.7	25.9	25.1	24.6
1998	26.0	27.6	27.4	24.6	23.5	22.3	21.4	22.9	25.1	27.4	27.8	29.2
1999	29.3	30.6	27.7	24.4	22.7	21.3	20.6	21.0	25.4	27.0	27.3	26.8
2000	30.4	31.5	28.6	26.1	23.5	22.8	22.1	23.4	25.3	28.3	27.3	26.7
2001	25.7	27.9	28.9	24.9	23.6	22.1	21.5	23.9	26.0	27.8	27.7	28.7
2002	28.3	28.1	26.8	24.4	23.8	22.9	23.6	22.6	25.5	26.8	26.7	27.0

2003	28.5	30.5	30.3	27.6	23.5	22.3	24.2	26.3	26.2	28.9	29.3	27.4
2004	28.2	27.5	27.7	25.6	24.5	23.1	23.7	24.7	26.5	27.6	28.3	29.2
2005	29.9	30.2	29.2	25.9	24.3	22.7	22.3	23.5	26.2	27.3	28.2	29.9
2006	29.8	30.7	26.2	24.3	23.5	22.3	21.9	24.3	25.0	26.1	25.7	25.9
2007	27.6	28.9	28.2	26.4	23.9	21.5	23.1	23.8	25.8	27.5	28.4	27.7
2008	29.6	28.5	27.0	24.0	23.2	21.4	21.4	23.1	26.5	28.5	27.8	28.4
2009	30.0	28.8	30.3	26.8	23.8	23.8	24.0	24.5	26.0	28.4	26.8	29.2
2010	27.5	25.9	28.2	25.3	23.8	22.6	22.4	23.4	25.1	28.5	28.5	27.6

Longido Temperatura mínima média (°C)

Year	Jan	Feb	Mar	Apr	May	Jun	Jul	Aug	Sep	Oct	Nov	Dec
1980	14.0	13.7	14.8	15.9	16.2	16.3	12.8	13.6	12.8	14.1	14.9	15.0
1981	13.5	14.7	16.2	16.3	15.2	12.5	14.1	13.7	14.5	14.6	16.0	15.5
1982	12.5	14.3	16.1	16.1	14.8	12.5	13.0	13.2	13.8	14.2	148	14.3
1983	13.8	14.2	16.3	16.2	16.1	14.3	13.4	12.5	13.0	13.5	13.3	14.6

1984	14.3	14.0	14.3	16.8	15.2	13.5	13.5	12.8	11.6	14.5	15.4	13.8
1985	12.5	16.1	14.3	16.1	14.9	12.5	13.0	13.2	13.8	14.1	14.9	14.3
1986	14.7	12.6	16.1	16.5	15.7	12.5	12.3	11.8	12.5	14.5	15.9	15.3
1987	14.1	14.0	16.2	16.5	15.7	12.9	12.1	10.5	13.3	14.3	15.6	13.9
1988	15.7	14.3	17.0	15.6	16.2	14.1	13.2	13.9	13.3	14.3	15.1	14.9
1989	15.4	13.5	15.1	15.9	15.5	13.4	11.6	13.0	14.1	14.5	15.2	16.4
1990	13.9	15.5	16.7	16.5	15.5	13.4	12.0	13.3	13.9	14.7	15.4	14.6
1991	14.1	13.7	14.7	16.7	16.2	16.3	13.6	12.1	12.8	14.1	14.9	15.5
1992	12.2	14.9	14.9	16.9	15.5	13.6	12.6	12.3	12.9	13.2	17.4	15.0
1993	14.9	13.2	14.2	16.5	16.1	14.4	12.6	13.2	12.6	14.7	15.3	14.7
1994	14.4	15.6	15.6	16.2	15.7	12.3	12.4	13.6	14.0	15.7	15.9	15.8
1995	14.2	15.0	15.2	15.4	16.0	12.6	12.2	13.6	13.7	15.2	14.9	13.8
1996	12.7	15.8	16.0	16.4	15.8	14.2	12.7	12.1	13.7	13.5	15.6	15.1
1997	13.6	14.5	15.8	16.5	15.1	14.6	12.8	12.9	13.4	15.2	16.1	16.6
1998	17.0	16.7	16.2	17.6	15.7	13.7	12.3	13.7	14.4	13.4	14.7	13.5
1999	14.2	13.8	16.4	16.6	15.4	13.7	13.3	14.1	13.9	13.8	15.9	14.9

2000	13.0	13.1	16.9	16.5	15.0	14.2	13.3	13.5	12.7	14.0	15.9	15.8
2001	15.2	15.0	15.7	16.8	16.0	13.5	12.5	11.9	12.5	13.8	15.5	14.6
2002	15.6	14.9	16.7	17.0	15.4	13.8	13.3	14.0	13.6	14.8	15.6	15.7
2003	13.3	14.1	14.9	16.9	16.4	14.2	14.3	14.5	14.5	14.6	15.6	15.2
2004	15.4	15.8	16.5	16.3	16.0	14.0	12.8	13.0	14.1	15.0	15.7	14.0
2005	14.4	14.6	16.3	16.9	15.9	14.6	13.5	13.2	13.5	14.8	15.4	13.9
2006	13.5	14.7	16.3	16.3	15.1	12.5	14.1	13.7	14.5	14.7	16.0	15.6
2007	14.1	14.5	15.6	16.6	15.9	11.4	12.8	13.5	13.4	14.6	14.3	14.3
2008	14.6	14.2	13.5	14.7	15.0	12.9	12.2	13.1	12.5	15.1	14.5	13.5
2009	13.3	14.7	15.4	16.4	16.3	14.4	14.0	13.2	13.0	16.0	15.5	15.2
2010	14.6	14.6	16.2	17.4	16.3	15.5	13.2	13.9	13.7	14.6	15.7	14.2

MIX
Papier aus verantwortungsvollen Quellen
Paper from responsible sources
FSC® C105338

Printed by Books on Demand GmbH, Norderstedt / Germany